AF629277

Sitzungsberichte
der Akademie der Wissenschaften
der DDR
Mathematik – Naturwissenschaften – Technik

10 N

1983

Strukturbildung im Kosmos und auf der Erde

AKADEMIE-VERLAG · BERLIN

Sitzungsberichte
der Akademie der Wissenschaften
der DDR
Mathematik – Naturwissenschaften – Technik

Jahrgang 1983 · Nr. 10/N

Strukturbildung im Kosmos und auf der Erde

AKADEMIE-VERLAG · BERLIN
1984

Vorträge eines Kolloquiums zum Thema „Evolution und hierarchische Systeme", veranstaltet von der Klasse Geo- und Kosmoswissenschaften der Akademie der Wissenschaften der DDR am 21. Oktober 1982

Herausgegeben im Auftrage des Präsidenten der Akademie der Wissenschaften der DDR von Vizepräsident Prof. Dr. Heinrich Scheel

ISSN 0138-3956
Erschienen im Akademie-Verlag, DDR-1086 Berlin, Leipziger Str. 3-4
© Akademie-Verlag Berlin 1984
Lizenznummer: 202 · 100/46/84
Printed in the German Democratic Republic
Gesamtherstellung: VEB Druckhaus Köthen
LSV 1495
Bestellnummer: 763 332 3 (2010/83/10/N)
00450

Inhalt

Wolfgang Böhme

Einleitung

Die erweiterte Klassensitzung erfaßt mit ihrer Thematik „Evolution und hierarchische Systeme“ eine sehr moderne breit angelegte Problematik.

Mit den für diese Klassensitzung erbetenen Beiträgen wird daher versucht, sowohl den allgemeinen mathematisch-physikalischen Hintergrund, der ja bereits durchaus philosophische Bezüge hat, darzustellen, als auch auf ausgewählte, für unsere Klasse spezifische Arbeiten aus der Sicht der heutigen Thematik einzugehen.

In der Tat sind evolutionäre Prozesse und strukturbildende Prozesse in den Geo- und Kosmoswissenschaften von zunehmender sowohl weltanschaulicher als auch direkter auf Einzelprobleme bezogener Bedeutung. Der uns zur Zeit – und wegen der Endlichkeit der Lichtgeschwindigkeit auch zeitlich – zugängige Kosmos ist hierarchisch strukturiert und in den jeweiligen Strukturebenen hochdifferenziert. Offenbar ist dieser Zustand z.B. der obersten uns gegenwärtig bekannten Strukturebene, nämlich der sich uns durch die gemeinsame Expansion manifestierenden Metagalaxis, Resultat evolutionärer Prozesse. Aufgabe der Kosmologie ist daher das vertiefte Verständnis der Evolution des Kosmos zu diesen Strukturen und ihrer künftigen Weiterentwicklung. Diese Aufgabenstellung läßt sich in analoger Art und Weise auf nahezu alle Forschungsrichtungen in den Geo- und Kosmoswissenschaften übertragen.

In den letzten zwei Jahrzehnten ist mit der Thermodynamik von Nichtgleichgewichtszuständen in offenen Systemen eine wesentliche Erweiterung der mathematisch-physikalischen Methoden zur Behandlung von makroskopischen Vielteilchensystemen erreicht worden, die Konsequenzen bis hin zu Präzisierungen philosophischer Aussagen enthält. Diese Methodik ist prinzipiell auch für die Kosmologie mit den genannten Aufgabenstellungen von Bedeutung.

Insbesondere sind ihre Aussagemöglichkeiten zur Entstehung dissipativer Strukturen in einem offenen Kosmos bzw. in offenen Teilen zu prüfen und eigentlich eine Herausforderung an die aktuelle Kosmologie. Die Übertragbarkeit dieser Methodik und Ergebnisse der Nichtgleichgewichts-Thermodynamik auf andere Prozesse aus dem Einzugsbereich der Geo- und Kosmoswissenschaften ist ebenfalls überall dort zu prüfen und gegebenenfalls vorzunehmen, wo es um die Aufklärung der Entwicklung zu vorhandenen Strukturen, wie z.B. auch im Planetensystem, oder auch um die Beschreibung von Prozessen in offenen Systemen fernab vom Gleichgewicht geht, so z.B. bei der Beschreibung der evolutionären Frühphasen des Erdkörpers und seiner resultierenden Strukturierung, bei dem Aufbau der Atmosphäre und des erdnahen Weltraumes, bei ozeanologischen und ökologischen Problemen und natürlich, wie schon erwähnt, bei der Strukturierung des Kosmos.

Damit werden, so hoffe ich, von der heutigen erweiterten Klassensitzung Anregungen für viele der Arbeiten im Rahmen unseres Forschungsprogramms der Geo- und Kosmoswissenschaften und darüber hinaus ausgehen, die vielleicht in dem einen oder anderen Falle zu einem neuen Herangehen an die bearbeiteten Aufgabenstellungen führen.

Adolf Watznauer

Der Begriff Evolution

(*Kurzfassung des Vortrages*)

Begriffe sind Fixierungen des geistigen Inhaltes einer Zeit. Sie charakterisieren damit einerseits deren Strukturen und bilden andererseits Ansatzpunkte für deren Weiterentwicklung.

Anfänge evolutionären Denkens gehen bis weit in das Altertum zurück. Sie sind wohl weniger als keimhafte Ansätze einer naturwissenschaftlichen Erkenntnis zu werten, denn als Denkmöglichkeiten, die sich aus dem jeweiligen Stande der Philosophie ableiten lassen. Das „panta rhei“ Heraklits um 540–480 ist bis heute die tragende Idee; die frühen Materialisten Demokrit und Epikur (410–271) finden ihre Begründung in M. Eigen u.a. (1978); das Gedankengut Platons (427–347) findet seine Fortsetzung im Vitalismus H. Drieschs (1867–1941) und R. Riedls (1980), und das Oikeiosis Theophrasts (372–287) nimmt den Gedanken der Adaption an die Umwelt Lamarcks vorweg. Selbstverständlich wandeln sich die Begriffsinhalte, aber die cotemporären Diskussionen, wie der Streit um die Gravitation im 17. Jh. und der um den Vitalismus im 20. Jh., entsprechen sich fast bis in Einzelheiten.

Im Mittelalter konzentriert sich das Interesse auf die Frage der Entstehung des Lebens aus anorganischer Materie. Fragen nach dem „Wie“ der Weiterentwicklung, nach dem, was man heute Evolution nennt, treten in den Hintergrund.

Erst im 18. Jh. wird der Fragenkomplex „Evolution“ wieder aufgegriffen und erreicht in der Zeit der Aufklärung in der wissenschaftlichen und gesellschaftlichen Welt einen Höhepunkt des Interesses. Es bilden sich Zentren in Frankreich und England heraus, die mit den Namen Lamarck und Darwin charakterisiert werden können. Beide, Lamarck und Darwin, hatten Vorläufer und Epigonen. Wichtig für die Entwicklung beider Denkrichtungen ist ihr Gegensatz zur Auffassung Linnées, dessen System mit seinem strengen räumlichen und zeitlichen Kastenaufbau mit unüberschreitbaren Grenzen nie zu einem evolutiven Denken geführt hätte. Hier spielen kirchlich-weltanschauliche Gegensätze eine erhebliche Rolle. In der Zeit der Epigonen sind Darwinismus und Lamarckismus oft als gegensätzliche Entwicklungsprinzipien hingestellt worden. Tatsächlich existiert dieser Gegensatz nicht. Man findet in Darwins Arbeiten Abschnitte, die von Lamarck geschrieben sein könnten und bei

Lamarck solche, die als darwinistische Argumente Verwendung finden können. Die moderne Entwicklung der Reizphysiologie der Molekularbiologie und Genetik haben die Unterschiede noch weiter verwischt.

Man sieht heute klar, daß der Evolution die Prinzipien Mutation und Selektion zugrunde liegen. Die Mutation hat Zufallscharakter, während der Selektion als Richtfaktor eine Antizufallstendenz zugeschrieben werden muß. Die Selektion ist eine Wirkung der Umwelt. Sie schafft ein balancierendes Sieb, das dem Evolutionsablauf eine Richtung gibt. Die Erfassung der Umweltentwicklung ist Thema der Geologie. Hier ergibt sich eine unmittelbare Verknüpfung der beiden wissenschaftlichen Disziplinen Biologie (mit Evolution und Genetik) und Geologie, wobei die Geologie das reelle Zeitmaß für die natürliche Evoution einbringt. Es lassen sich 7 evolutive Siebe erkennen, die mit entsprechenden Ereignissen der terrestrischen und extraterrestrischen Entwicklung parallelisiert werden können. Das Denken in der Richtung einer Berücksichtigung der Umwelt und der Tatsache, daß biologische Systeme, im molekularbiologischen Sinne, Populationscharakter bei strenger Individualität der Einzelelemente besitzen, hat seine Parallele in der modernen Physik mit dem Abgehen vom „reinen Fall", der Berücksichtigung der Randbedingungen und der Betrachtung von Vielkörper-Systemen.

Unter diesen Aspekten haben sich zwei Richtungen herausgebildet. Die eine ist streng physiko-chemisch und versucht, den Selektionsprozeß auf der molekularen Ebene durch Modellierung und unter Einführung eines vorgegebenen Selektionsprinzips verständlich zu machen und auf diesem Wege bis zum Ursprung des Lebens vorzudringen. Die zweite geht den realwirksamen experimentellen Weg über die Gentechnologie. Er hat mit der „Konstruktion" die Art überspringender neuer Organismen (bis in das Reich der Säugetiere) eine künstliche Evoluion eingeleitet, deren wissenschaftliche und gesellschaftliche Auswirkungen noch nicht abzusehen sind. Die geglückte künstliche Synthese der Gensubstanz ist ein wichtiger Schritt in dieser Richtung. Es besteht kein Zweifel, daß die Brisanz dieser Entwicklung jene des Darwinismus/Lamarckismus weit überschreiten wird. Wenn man die moderne Entwicklung überblickt, wird erkennbar, daß Darwinismus und Lamarckismus s. str. als Evolutionsprinzipien nicht mehr haltbar sind und durch neue ersetzt werden müssen, wobei alle Begriffe, die eine Wertung beinhalten, relativiert werden müssen, der strenge Determinismus bzw. die Kausalität s. str. in den unterschiedlichen Betrachtungsebenen aufgegeben werden müssen und Gesetzmäßigkeiten stochastischen Charakters an ihre Stelle zu treten haben.

In groben Umrissen könnte man den Begriff der Evolution z. Z. so formulieren:

Evolution ist ein irreversibler Prozeß, bei dem aus einer größeren Zahl von endo- und exogen bedingten Möglichkeiten (Mutanten) jene ausgewählt werden (Selektion), die den Milieubedingungen des reagierenden Systems optimal adaptiert sind. Der Grad der Anpassung könnte durch die Größe der Arbeit definiert werden, die zur Erreichung dieses Optimums bzw. der Erhaltung dessen dissipativen Charakters notwendig ist.

Im Gegensatz zu einem Ablauf, der unter bewußter Vernachlässigung der Randbedingungen des Systems bzw. deren Fehlen in Richtung auf ein thermodynamisches Gleichgewicht abläuft, ist der Endzustand einer Evolution ein Optimum gegenüber diesen. Die organismische Evolution ist, als die einer höheren Qualität, darüber hinaus durch die Speicherung von Informationen und eine damit verbundene Erhöhung der Funktion und einer Aufgliederung des Hauptsystemes in Subsysteme charakterisiert. Der Organismus wird dabei als eine dissipative Struktur aufgefaßt, die durch einen Funktionsparameter ergänzt werden sollte.

Manfred Peschel, Werner Mende, Joseph Richardt and Michael Voigt

Solution of nonlinear assignment problems and structure-building procedures on the base of the fuzzy approach

1. Introduction

Assignment problems are of increasing importance in quite different fields for example in industrial applications (microelectronic curcuit design, allocation problems for large manufacturing lines), in social sciences (formation of social groups, growth of settlements and their decomposition in substructures), in ecology (decomposition of a global ecosystem into biotopes).

All these problems can be formally described as cluster building processes.

Growth and structure-building are the main components of evolution processes.

Every structure is built up of elements (individuals, atoms, species, singletons etc.) on the base of a relation between pairs of elements, which is objectively given.

Depending on the concrete assignment problem we meet quite different forms of this binary relation (number of connections, competition coefficient, similarity measure, metric distance). Using this binary relation the set of all elements can be rationally decomposed into clusters not necessarily being disjunct. Thus in a natural way we meet fuzzy membership correspondences of the elements to the different clusters.

On one level of the consideration we find a fuzzy partition of the set of all elements into clusters. But we can consider the structure-building process as a hierarchical process. On the next higher level of consideration we take the already received clusters as aggregated elements and try to build up superclusters from them.

It is important to mention that cluster-building is a dynamic process at the end of which we find a stabilized cluster decomposition of the given set of elements. For this process a senseful interaction of global and local performances is essential in similarity to problem-solving in general or to playing chess in special. Therefore it seems to be useful to consider the final result of a dynamic cluster-building process as an equilibrium point of a dynamic process or as a solution of a (mostly nonlinear) fixpoint equation.

In this paper two quite different fuzzy approaches to cluster-building are studied, the first is a generalisation of the cluster-building procedures form Späth resp. Bezdek and the second is an application of the replicator equation (SCHUSTER and others [1]) for cluster building purposes. Both approaches were checked on highdimensional examples from microelectronics and showed quite satisfying properties.

2. *General features of a fuzzy cluster-building process*

The elements of the considered "iniverse" are designated with the indices $1, 2, \ldots, n$, for variable elements we use the notification i and j. As names for variable clusters we use k and l and for variable superclusters $\varkappa$ and λ.

The basic relation between any pair of elements i and j is given by a (deterministic) matrix of coefficients $S(i, j)$ with real values being not necessarily a symmetric matrix and sometimes also negative values are possible (for example in the case of competition coefficients of species in an ecosystem).

The correspondence of an element i to a cluster k is modelled by membership-coefficients $U(i, k)$ which are the state variables of the dynamic cluster-building process.

For building up superclusters we need an interaction matrix $S(k, l)$ between the different clusters k and l, and a fuzzy correspondence $\tilde{U}(k, \varkappa)$ of the clusters k to the superclusters $\varkappa$. Already specific for our fuzzy approaches to cluster-building are the following notions.

We introduce an affinity measure $A(i, k)$ for the tendency of the element i to belong to the cluster k

$$A(i, k) = \sum_j S(i, j)\, U(j, k).$$

The idea for this measure stems from the deterministic clustering. Here $U(j, k)$ can only assume the values 0 or 1, 1 for all elements j belonging to the cluster k. Then $A(j, k)$ ist the number of connections of the element i into the cluster k. Our measure $A(i, k)$ we get obviously by fuzzification of this notion from the deterministic case.

It seems to be quite natural to introduce a similarity measure for any pair of clusters k and l by

$$\tilde{S}(k, l) = \sum_{i,j} U(i, k)\, S(i, j)\, U(j, l)$$

which is obviously a fuzzy generalisation of the "number of connections between elements i belonging to the cluster k to elements j belonging to the cluster l.

During the cluster-building process we have to change in an aimoriented way the values of the memberships $U(i, k)$ (or $\tilde{U}(k, \varkappa)$ in a twolevel hierarchy and so on), that means, the cluster partition is contained in the image $U(i, k)$.

For the dynamic cluster-building process some bilance relations must always be taken into account mainly

$$\sum_k U(i, k) = U(i) \qquad \text{"the mass of the particle } i\text{"}$$

$$\sum_i U(i, k) = U(i) \qquad \text{"the intermediate mass of the cluster } k\text{"}$$

respective in the two-level hierarchical process

$$\sum_\varkappa \tilde{U}(k, \varkappa) = U(k) \qquad \text{"the intermediate mass of the cluster } k\text{"}$$

$$\sum_k \tilde{U}(k, \varkappa) = U(\varkappa) \qquad \text{"the intermediate mass of the supercluster } \varkappa\text{"}$$

3. Cluster-Building by a nonlinear iteration procedure

We in general assume that the masses $U(i)$ of the elements i are given values.

Let us mention first a linear iteration formula. We change the fuzzy memberships $U(i, k)$ according to their affinities $A(i, k)$ to the classes with the help of the following iterative procedure

$$F(i, k) := A\,(i, k).$$

We interpret $F(i, k)$ as attraction force and by using the normalisation condition we get

$$U(i, k) = \left(F(i, k) \,/\, \sum_k F(i, k)\right) \cdot U(i).$$

This apparently corresponds to a Markov chain procedure. It turned out to be not very successful in exposing an underlying structure. Therefore we passed to an essential nonlinear procedure by introducing master variables and taking into account the different intermediate masses of the clusters $U(k)$. We introduced the following concept

$$F(i, k) := A(i, k)^{EV} \,/\, U(k)^{EG}$$

with the master variables EV and EG and then applying the normalisation condition as above

$$U(i, k) = U(i) \qquad F(i, k) \,/\, \sum_k F(i, k).$$

We put $EG = EV \cdot \varrho$ with a slowly adapting variable ϱ, in a lot of cases it was allowed for ϱ to have a fixed value. The master variable EV is a very important parameter. We allowed for EV only nonnegative values.

Obviously a very small value EV transforms a given distribution $A(i, k)$

in a very flat one, and a very high value of EV produces a peak-like distribution that means by increasing the value of EV we approach more and more a deterministic correspondence of the elements i to the clusters k.

We started every seeking process for useful cluster decompositions with an equal distribution of the elements for all clusters (the number of clusters must be prescribed in this case), which we had to disturb slightly, because the equal distribution is always a solution of the corresponding nonlinear fixpoint equation. There are two ways to reduce the number of clusters during the seeking process. If we meet two clusters with nearly the same correspondences for all elements we can smelt them together and continue with one of them, or it can turn out that for all elements the correspondences to a given cluster are very small, then this cluster can be eliminated.

EV is something like a measure of the fuzziness of our corresponding decision. In all cases we studied we observed that we could find useful cluster-decomposition by a minimum increase of the value of EV in respect of the initial value. (We called this the principle of minimum decrease of fuzziness.)

In some cases we found oscillation phenomena for example oscillating of the correspondence amplitudes or switching of one structure decomposition to another and returning then to the first one. It was astonishing for us, that in the last case we could always observe an periodicity of two.

In some cases we could eliminate instabilities from the structurebuilding process only by a trick, using the diagonal elements $S(i, i)$ as additional control parameters of the process.

For elements in a lot of cases $S(i, i)$ is zero, because an element i has no connections with himself. This condition holds not for the hierarchical case, $\tilde{S}(k, k)$ is obviously the number of inner connections between elements within a cluster k. Nevertheless in all these cases we artificially manipulate the values of $S(i, i)$, that means we introduce something like pseudoconnections. The physical meaning of such a manipulation is transparent, the higher the value of $S(i, i)$ is the higher will be the autocatalytic weight of the element i, this increases the tendency of separation of the "part from the whole".

If we use the same concept for $U(k, \varkappa)$ together with the connection relation $\tilde{S}(k, l)$ we get a two-level hierarchical approach and meet the following polyoptimization problem: In finding the clusters k we use the tendency to separate two clusters k and l from each other as well as possible. This implicates the aim to reach small interaction coefficients $\tilde{S}(k, l)$ as base for the cluster-building on the next higher level. That means for structuring on both levels we need a certain compromise between the local and the more global aims.

This is a clustering procedure mainly for the case of nonvectorial objects. But it can be applied successfully also in the case of vectorial objects, if the similarity matrix $S(i, j)$ is defined from a relevant metrics in the corresponding feature space.

4. Structure-Building with the help of the Replicator-Equation

The dynamics of ecosystems is determined by the Volterra-Equations

$$Fxi = \sum_j G_{ij}x_j \qquad \text{with} \quad F = \mathrm{d}\ \ln/\mathrm{d}t. \qquad [4]$$

In this equation x_i is the ecological density of the species i. G_{ij} are the interaction or competition coefficients for the pair (i, j) of species. Obviously G_{ij} can be considered as an elementary interaction relation $S(i, j)$ in the sense defined in [2].

In [3] it was shown, that most of the sets of ordinary differential equations can be transformed into Volterra-Equations by introducing some additional state variables.

Therefore more complex interaction structures canbe reduced into a set of binary interactions modelled by a corresponding competition matrix G_{ij}.

In ecosystems we observe structure building processes which lead to subsystems, the socalled biotopes. We are convinced that for the description of the structure building processes we do not need a new set of equations beside the Volterra-Equations determining the dynamic properties of the ecosystem.

For this purpose it is suitable to transform the given Volterra-Equations into a new form, the replicator equations. The replicator equation plays a central role in population genetics regarding pure selection in a single locus model of a diploid population (Fisher-Wright-Haldane-Model) [6, 7]. In population-genetics the initial equation is also the Volterra-Equation

$$Fxi = \sum_j G_{ij}x_j \qquad \text{with} \quad i = 1, 2, \ldots, n$$

n is the number of types of gametes in the population and xi is the number of gametes of type i. The total population of gametes is given bei $B = \Sigma\, xi$.

The unordered pair (i, j) represents the genotype determined by the gametes i and j and to every pair (i, j) a selective advantage G_{ij} is assigned.

Introduction of the relative frequency or the relative number of gametes within the population

$$y_i = x_i \,/\, B \qquad\qquad i = 1, 2, \ldots, n$$

yields the replicator equation

$$Fy_i = \sum_j G_{ij}y_j - \Phi$$

with the flow-function

$$\Phi = \sum_{k,j} y_k G_{kj} y_j.$$

The phase space is now the simplex Sn with $yi \geq 0,\ \sum yi = 1.$

The phase portrait of the replicator equation is geometrically the same as for the original Volterra-Equation besides the velocity with which the species run on their trajectories. The replicator equation possesses an important invariance property:

All competition matrices with

$$\tilde{G}_{ij} = G_{ij} + \Delta_j$$

with any constants Δ_j yield to the same replicator equation, that means have the same phase portraits.

For example we can eliminate all autocatalytic terms G_{ii} from the original Volterra-Equation without essential influence on the phasespace behaviour of the system. We are especially interested in the equilibrium points y^* of the replicator equation on the simplex S_n.

Such an equilibrium solution we have to interpret as a set of stabilized ecological weights y_i^* of all species i.

Such a solution can be already interpreted as a weak form of a structure of the ecosystem. Namely, if it turns out, that some of the components y_i^* have values nearly zero, we get something like a decomposition of the ecosystem.

Of special interest are such equilibrium points which are stable attractors. The question arieses, whether there exists a stable attractor e being reached independently of the initial distribution of the species whithin the population, taking into accpunt possible fluctuations of species. Most of the stable attractors are socalled evolutionary stable strategies (MAYNARD-SMITH [6]) with the definition:

For all $x \in S_n$, $x \neq e$ follows

$(x, Ge) < (e, Ge)$ (equilibrium condition) or
$(x, Ge) = (e, Ge)$, but then follows $(x, Gx) < (e, Ge)$ (stability condition).

This definition ensures, that if e is evolutionary stable, then any deviation from e will be less fit than e, because it either loses out against e, or against itself, i.e. it will be promptly wiped out. We mentioned above the weak structure decomposition using any equilibrium distribution of weights y_i^*.

We now are going to introduce control influences on this kind of graph decomposition.

Applying the invariance property of the replicator equation we first eliminate all original reproduction rates G_{ii} of the species i. Then we introduce control variables u_i, $i = 1, 2, \ldots, n$, acting on the reproduction rates of the species i.

Than the pay-off matrix of the standardized controlled replicator equation is given by

$$\tilde{G} = G + \text{diag}\,\{U_i\}$$

and the corresponding (modified) replicator equation can be written in the following form

$$Fy_i = \left(\sum G_{ij}y_j - \sum y_k G_{kj} y_j \right) + \left(u_i y_i - \sum u_k y_k^2 \right)$$

The stationary solutions of this equations have the property, that for $u_i \to -\infty$ the evolutionary stable strategy $e_i = 1/n$ will be attained, i.e. the barycentre of the simplex S_n is the only stable attractor. In this situation all species loose their individuality and we get something like one cluster.

For $u_i \to \infty$ we observe the reverse flow on the simplex S_n, more and more the species i are orientated on their individual benefit, that means the u_i show here a similar influence as the diagonal in case discussed in section 3.

All corners of the simplex are now stable attractors, the whole population is decomposed into clusters, each one belonging to only one species.

For $u_i \to -\infty$ the resulting global state will be defined as the state of uniform cooperation and for $u_i \to \infty$ as the state of uniform competition.

This implies the scaling of the global state of the controlled replicator equation under the influence of the control variables u_i in the followeing sense

$$u_i \to -\infty \quad \underset{\text{increasing cooperation between species}}{\overset{\text{increasing competition between species}}{\rightleftarrows}} \quad u_i \to \infty .$$

In the following we will discuss in more detail the simplified case with $u_i = u$ for all $i = 1, 2, \ldots, n$. Than the pay-off matrix is given by

$$\tilde{G} = G + uE$$

with E being the identity matrix.

A fix-point in the interior of the simplex S_n can be computed by the equation

$$y^*(u) = \tilde{G}(u)^{-1} f \,/\, (f, \tilde{G}(u)^{-1} f)$$

with $f_i = 1$ for $i = 1, 2, \ldots, n$.

The inverse $\tilde{G}(u)^{-1}$ may be computed by a modified method of Leverrier

$$\tilde{G}(u)^{-1} = \sum_{i=0}^{n-1} B_i u^{n-1-i} \sum_{j=0}^{n} \mathrm{d}_j u^{n-j}$$

$$= a\,\mathrm{d}j\; G(u) \,/\, \mathrm{d}(u) \qquad \mathrm{d}_0 = 1$$

Therefore the corresponding fix-point is given by

$$y^*(u) = a\,\mathrm{d}j\; G(u) \,/\, (f, a\,\mathrm{d}j\; \tilde{G}(u) f)$$

Fix-points on the boundary of the simplex S_n can be determined by eliminating corresponding columns and rows from the controlled pay-off matrix $\tilde{G}(u)$ and using the same procedure as described above. At this point we are able to formulate our point of view for this approach:

> Stable structures (graph decompositions) are represented by the set of stable attractors of the controlled replicator equation on the simplex S_n scaled by the control variable u.

Let us demonstrate this approach in a simple example.

For $i = 1, 2, 3$ the pay-off matrix may be

$$G = \begin{bmatrix} 0 & 1 & 2 \\ 1 & 0 & 4 \\ 2 & 4 & 0 \end{bmatrix}$$

Depending on the control variable u we observe the following disjoint graph decompositions

$u \to -\infty$	$u = -1$	$u = 2{,}5$	$u = 5$
(1, 2, 3)	(2, 3)	(1) (2, 3)	(1) (2) (3)

This approach is integrated into a procedure for the determination of stable structures of undirected graphs of objects. The procedure is based on a fusion strategy of the objects to a number of clusters of the graph. This will be achieved by running the control variable u from a value representing a high degree of competition to a value representing a high degree of cooperation. Starting with an initial value of the control variable u^0 with

$$u^0 > \max_{i,j} G_{ij}$$

the value of u is successively decreased by Δu to

$$u := u - \Delta u$$

For every u the set of stable attractors is determined by an integration procedure using as initial values the set of stationary values (attractors) for u (former value). For u^0 the corners of the simplex S_n are used as initial points for the integration process.

At any initial stage of the procedure for u (former value) there is given a certain selection bonus for extincted objects to support the above mentioned fusion strategy.

Certainly there exists a value of the control variable u^e, where there only one attractor in the interior of the simplex S_n will be left. At this stage the whole structuring process will be stopped.

The outlined procedure is implemented on a computer system with interactive graphics. An example is shown in fig. 1.

The first applications of the approaches described in sections 3 and 4 are blockbuilding tasks in electronics. We could cluster successfully problems with about 300 elements into 20 clusters with a computation time of about 10 s on a computer of medium size (ES 1040). We got similar and in a lot of cases identical results with both approaches. In the present we compute higher dimensional examples for biotopes in a complex ecosystem consisting of host animals and host plants and parasites.

a)

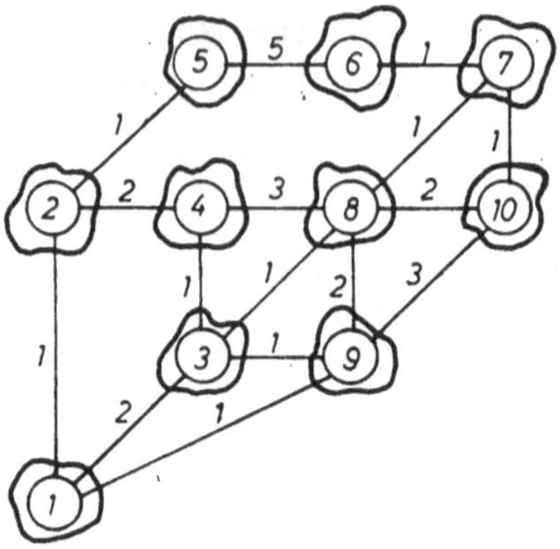

b)

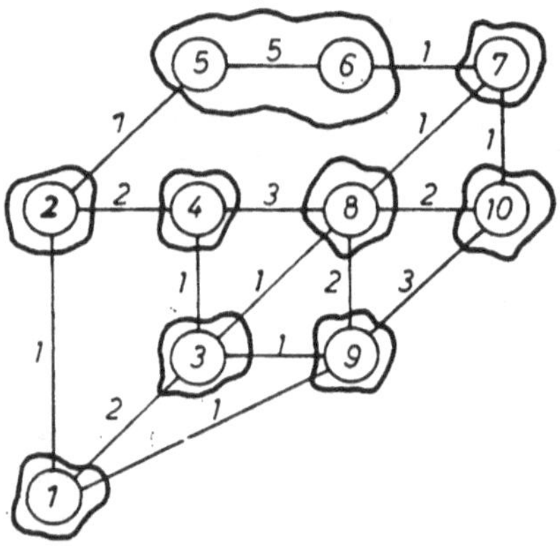

c)

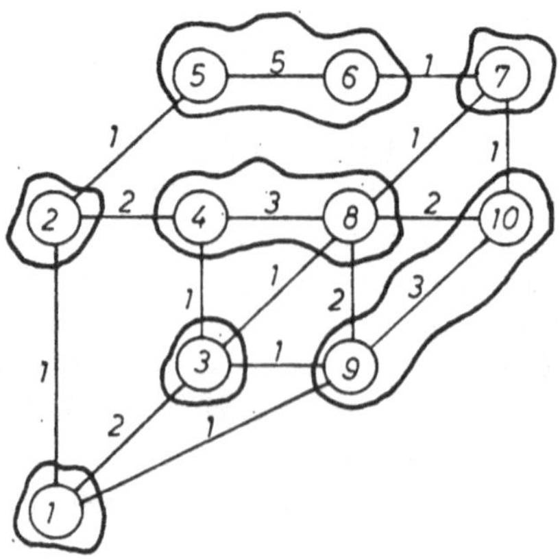

d)

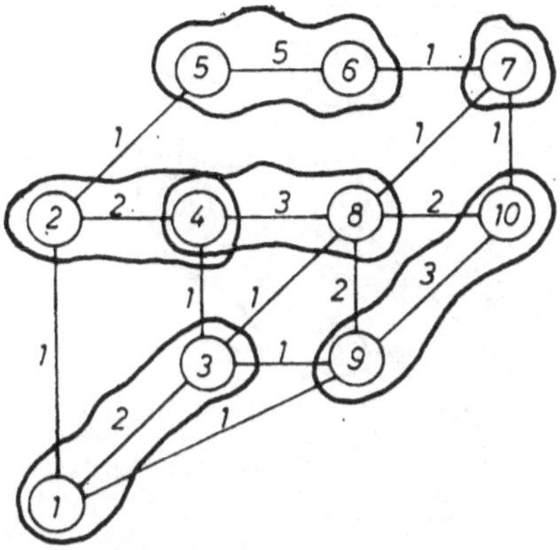
5 5 6 1 7
1 1 1
2 2 4 3 8 2 10
1 1 2 3
1 3 1 9
2 1
1

e)

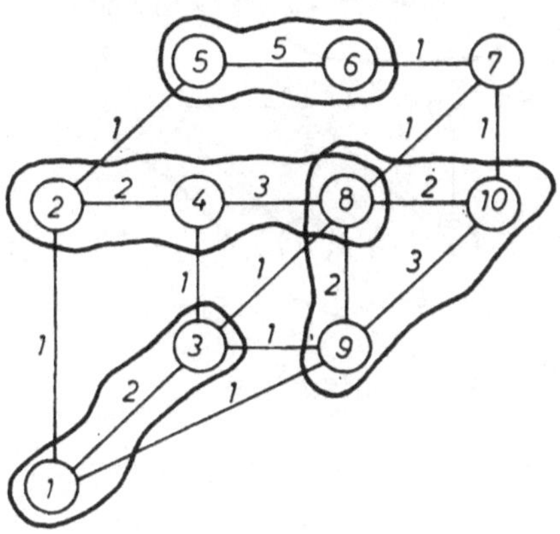
5 5 6 1 7
1 1 1
2 2 4 3 8 2 10
1 1 2 3
1 3 1 9
2 1
1

f)

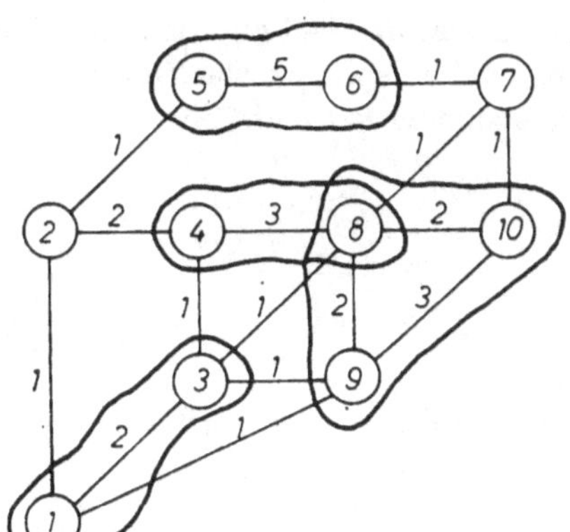
5 5 6 1 7
1 1 1
2 2 4 3 8 2 10
1 1 2 3
1 3 1 9
2 1
1

g)

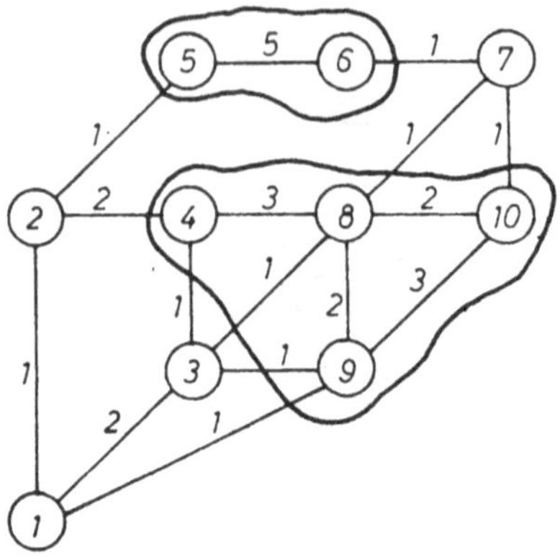

h)

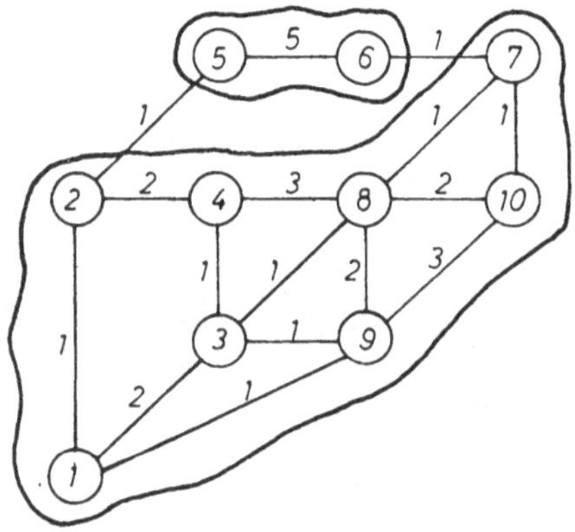

Fig. 1 Structuring of an underected edge-valued graph for different control values u.
a) $u = 4{,}5$, b) $u = 4{,}3$, c) $u = 2{,}5$, d) $u = 1{,}4$, e) $u = 0$, f) $u = -1{,}7$,
g) $u = -2{,}4$, h) $u = -4{,}5$

On the line of our interests lies a fuzzified approach making use of the replicator equation. For this purpose we split up the "masses" y_i of the species i into fuzzy membership correspondences to clusters

$$y_i = \sum_k y_{ik}.$$

We get the intermediate cluster mass

$$y_k = \sum_i y_{ik}.$$

Then the competition between the species i will be given as already above used by the corresponding replication equation

$$Fy_i = \left(\sum G_{ij} y_j - \sum y_k G_{kj} y_j\right).$$

But at the same time we meet a competition between the clusters for the elements, which can be represented by a replication equation for the cluster masses

$$FY_r = \left(\sum \tilde{G}_{rs} Y_s - \sum Y_k \tilde{G}_{ks} Y_s\right)$$

with the $\tilde{G}_{rs}$ defined in section 2.

These equations are now restrictions for the new "fuzzified" statevariables y_{ik}. Again we are interested in the equilibrium configurations.

Of great interest is also a combined replication form with really interaction terms between elements and clusters for example in the following form

$$Fy_i = \left(\sum G_{ij} y_j + \sum H_{ik} Y_k - \sum y_k G_{kj} y_j - \sum y_r H_{rk} Y_k\right),$$

$$FY_r = \left(\sum \tilde{G}_{rs} Y_s + \sum \tilde{H}_{rj} y_j - \sum Y_k \tilde{G}_{ks} Y_s - \sum Y_k \tilde{H}_{kj} y_j\right).$$

The interaction terms can be introduced in a natural way by

$$H_{ik} = \sum G_{ij} y_{ik},$$

$$\tilde{H}_{rj} = \sum y_{ir} G_{ij}.$$

References

[1] SCHUSTER, P. / SIGMUND, K.: Coyness, Philandering and Stable Strategies in Anima Behaviour, 1981, Journ. theor. Biol. **29**, 186–192.

[2] PESCHEL, M. / RICHARDT, J.: Perspektivische Möglichkeiten der Datenanalyse, in: „Unscharfe Modellbildung und Steuerung", part IV, Technical Highschool of Karl-Marx-Stadt, 1981, 4–18.

[3] PESCHEL, M. / BOCKLISCH, S. F. / MEYER, W. / STRAUBE, B. and RICHARDT, J.: Daten- und Verhaltensanalyse mit Klassifikationsmodellen. Reports of the Austrian Society for Cybernetic Studies Nr. 22, 1981.

[4] VOLTERRA, V.: Lecons sur la theorie mathematique de la lutte pour la vie, Gauthier-Villars, Paris 1931.

[5] PESCHEL, M. / MENDE, W.: Leben wir in einer Volterra-Welt? – Ein ökologischer Zugang zur angewandten Systemanalyse, Series Mathematical Research, Akademie-Verlag, Berlin 1982.

[6] MAYNARD SMITH: On Evolution, Edinburgh, University Press 1972.

[7] HOFBAUER, J. / SCHUSTER, P. / SIGMUND, K.: Game dynamics in Mendelian Populations, Biol. Cybernetics **43**, 51–57 (1982).

Werner Ebeling und Reiner Feistel

Thermodynamik irreversibler Prozesse und spontane Strukturbildung mit Beispielen aus Physik und Geophysik

1. Einleitung

Die Theorie der Selbstorganisation, auch Synergetik genannt, entwickelt sich seit etwa 15 Jahren, wobei Pionierarbeiten von

a) der Brüsseler Schule um Prigogine [1, 2];
b) der sowjetischen Schule in Moskau und Gorki [3, 4];
c) der Stuttgarter Schule um Haken [5]

geleistet wurden (s.a. [5–9]).

Gegenstand dieser neuen Disziplin ist die Erforschung der spontanen Bildung von Strukturen. Damit ist diese Richtung sicher für die Geo- und Kosmosforschung von großem Interesse. Es sei betont, daß die neue Disziplin nicht etwa auf fundamentalen neuen Naturgesetzen beruht, sondern eher auf einer konsequenten Anwendung bekannter physikalischer Gesetze. Die meisten Methoden der Theorie der Selbstorganisation werden von den Geo- und Kosmoswissenschaftlern bereits gepflegt und mit Erfolg angewendet. Von einer Kombination der verschiedensten Methoden und einer Vereinheitlichung der Betrachtungsweisen sowie einer neuen Sicht auf alte Probleme darf man jedoch sicher auf fruchtbare Anregungen auch für die Bearbeitung von Problemen der Geo- und Kosmoswissenschaften hoffen. Den Begriff der Selbstorganisation wollen wir nach [8] folgendermaßen definieren:

„Unter Selbstorganisation verstehen wir einen irreversiblen Prozeß, der durch das kooperative Wirken von Teilsystemen zu komplexeren Strukturen des Gesamtsystems führt. Die Selbstorganisation ist der Elementarprozeß der Evolution, die als unbegrenzte Folge von Prozessen der Selbstorganisation verstanden wird.“ In diesem Sinne handelt es sich bei den Prozessen auf der Erde und im Kosmos in der Regel um Evolutionsprozesse, die nur im Zusammenhang mit ihrer Geschichte, d. h. der gesamten Kette der verursachenden Selbstorganisationsprozesse verstanden werden können.

Nach unserer Auffassung bildet die Physik, und insbesondere die Thermodynamik, den Rahmen für alles komplexe Geschehen, der von den jeweiligen spezifischen Gesetzmäßigkeiten nicht verlassen werden kann (eine analoge Auffassung wurde von Ostwald für die Biologie geäußert) [8, 10, 11]. Insbesondere schreibt die Thermodynamik der Selbstorganisation in Form lokaler Evolutionsprinzipien den Halbraum, das Möglichkeitsfeld der Entwicklung vor. Aber auch im gesamt-kosmischen Maßstab können Aussagen getroffen werden, z.B. über die Nichtexistenz eines thermodynamischen Gleichgewichts [9, 63, 74].

Ein weiterer interessanter Aspekt ist die Dialektik von Äquifinalität und Historizität aus physikalischer Sicht. Prozesse der Selbstorganisation zeichnen sich im allgemeinen dadurch aus, daß im Phasenraum des Systems bestimmte Attraktoren angelaufen werden. Dabei wird der Anfangszustand vergessen, d.h., nach Erreichen des Attraktors ist nicht mehr feststellbar, von welchem Zustand der Prozeß ausgegangen war und welchen Weg durch den Phasenraum das System zurückgelegt hat. Andererseits wissen wir um die historische Rekonstruierbarkeit der Evolution, z.B. in der Biologie [46, 47], ebenso in der Geologie [50] (worauf das deutsche Wort „Geschichte" sehr bildhaft hinweist). Ein wichtiger Gesichtspunkt ist der, daß komplexe Vorgänge in sehr großen (hochdimensionalen) Zustandsräumen ablaufen; es bestehen häufig gleichzeitig mehrere Instabilitäten, von denen diejenige amplifiziert wird, die zuerst durch eine entsprechende Fluktuation ausgelöst wird. Damit entsteht ein historischer Evolutionsweg als eine Realisierung einer großen Zahl potentiell möglicher Wege. Ein anderer wichtiger Aspekt ist die Historizität (das systemeigene Alter) bei den komplizierten chaotischen Vorgängen [2, 44, 73].

2. *Methoden der Theorie der Selbstorganisation*

Die vier Hauptmethoden der Theorie der Selbstorganisation sind:

1. Die Thermodynamik irreversibler Prozesse, welche die globalen und lokalen Bilanzen der Energie, Entropie, des Impulses und der Stoffe studiert [1, 2, 8, 9].

2. Die nichtlineare Dynamik der Ordnungsparameter, die sich mit der Aufstellung und Lösung von nichtlinearen gewöhnlichen und partiellen Differentialgleichungen für die charakteristischen Größen der Prozesse – die Ordnungsparameter – befaßt. Von wesentlicher Bedeutung für die Auswahl dieser Ordnungsparameter ist die Existenz geschlossener kausaler Zusammenhänge zwischen dem Wert des Ordnungsparameters zur Zeit t_0 und seinem Wert zu einer späteren Zeit $t > t_0$ [3, 4, 5, 6, 7, 8]: $x(t_0) \rightarrow x(t)$.

3. Die stochastische Theorie, welche ebenfalls mit den makroskopischen Ordnungsparametern $x(t)$ arbeitet, diese jedoch als fluktuierende Größen betrachtet und die Existenz einer Wahrscheinlichkeitsverteilung $P(x, t)$ und einer Gleichung für diese Größe (Master-Gleichung) postuliert [2, 4, 5, 8].

4. Die statistische Theorie, welche mit Wahrscheinlichkeitsverteilungen für den mikroskopischen Zustand des Systems arbeitet [4].

Welche von den geschilderten Methoden für die Behandlung des vorliegenden Problems am geeignetsten ist, muß von Fall zu Fall entschieden werden. Die

Methode der statistischen Theorie wird bei Problemen der Selbstorganisation nur in Sonderfällen eingesetzt werden, da sie die komplizierteste und informationsreichste unter den vier Methoden ist. Die am häufigsten verwendete Methode ist wahrscheinlich die an zweiter Stelle genannte, wobei im Zentrum Stabilitätsuntersuchungen stehen. Selbstorganisation wird in der Regel durch eine Instabilität der „alten" Struktur gegenüber kleinen Schwankungen eingeleitet. Aus diesem Grunde ist das Studium der in nichtlinearen Systemen auftretenden Instabilitäten von hohem Interesse. Die thermodynamische Bedingung für Selbstorganisation ist der Entropieexport [8]. Nur solche Systeme, die sich von der im Inneren durch irreversible Prozesse erzeugten Entropie befreien können, sind potentiell zur Selbstorganisation in der Lage. In diesem Sinne kann der Entropieexport als Triebkraft von Selbstorganisationsprozessen aufgefaßt werden.

3. Bemerkungen zur Anwendbarkeit der Theorie der Selbstorganisation zur Untersuchung geophysikalischer Prozesse

Praktisch alle wichtigen geophysikalischen Prozesse werden mittelbar oder unmittelbar durch zwei Quellen angetrieben, die Sonneneinstrahlung, die im raumzeitlichen Mittel 230 W/m^2 beträgt und für die Prozesse in Atmo- und Hydrosphäre verantwortlich ist, sowie der Wärmestrom aus dem Erdinnern von 0,06 W/m^2, der die Vorgänge in der Lithosphäre auslöst [8, 13–17, 22–35, 41, 48]. Diese beiden Quellen garantieren den Entropieexport aus dem oberen, selbstorganisierenden Mantel unseres Planeten.

Über die Energieflüsse durch Hydro- und Atmosphäre sind detaillierte Abschätzungen der Beiträge der Einzelvorgänge wie Wasserverdunstung, Meereserwärmung oder Antrieb turbulenter Atmosphärenströmungen bekannt [27, 29, 34, 37, 42]. In der Lithosphäre beträgt der Wärmestrom von Kontinenten und Ozeanböden gleichermaßen etwa 0,06 W/m^2 [27, 19, 20, 34]. Nach [34] kommt zu dieser Zahl noch der Leistungsumsatz tektonischer Prozesse (etwa 10^{-5} W/m^3) hinzu sowie die Wärmeabgabe durch Stofftransport (Lava usw.), so daß insgesamt 0,2 W/m^2 aus dem Erdinnern kommt. Quelle dieser Wärme ist radioaktiver Zerfall, 10^{31} J seit Entstehung der Erde [27], Materialdifferentiation im eigenen Schwerefeld, $2 \cdot 10^{31}$ J [27], ein bedeutender Teil müßte Restwärme von der Bildung der Erde her sein, und auch die elektrischen Ströme im Erdkern liefern bei einem Widerstand von etwa $3 \cdot 10^5$ Ohm/cm eine Heizleistung von $4 \cdot 10^{11}$ W [20]. Nach Schätzung von [27] sind von den $2{,}5 \cdot 10^{31}$ J Erdwärme erst 20% abgestrahlt worden, d.h., man kann mit einem stationären Wärmestrom über lange Zeiten rechnen.

Bei einer Strahlungstemperatur der Erde von etwa 300 K, der Sonnenstrahlung von etwa 6000 K und einer Temperatur des Erdkerns von etwa 5000 K beträgt der Entropieexport der Erde durch Sonnenstrahlung etwa 1 W/km^2, durch die Geothermik dagegen nur etwa 10^{-3} W/km^2. In beiden Fällen ist die Voraussetzung für diesen Entropieexport die Kälte des kosmischen Photonensees von 3 K (Hintergrundstrahlung), dessen Wärmekapazität die der kondensierten Materie um 10^8 übersteigt [74]. Der Photonensee der Hintergrundstrahlung ist die Müllhalde für die produzierte Entropie.

Da der Entropieexport (vgl. Tab. 1), im stationären Regime der inneren Entropieproduktion gleich ist, limitieren diese Zahlen die möglichen Leistungsumsätze geophysikalischer Prozesse im raumzeitlichen Mittel. Generell sind tektonische Vorgänge also wesentlich langsamer als meteorologische oder ozeanologische (die Viskosität des Erdkerns schätzt man auf weniger als 10^9 Poise [19, 20, 56], die des Mantels auf 10^{21} Poise [20], $10^{22}...10^{26}$ Poise [56] bzw. $10^{19}...10^{25}$ Poise [26]). Dies schließt nicht aus, daß räumlich und/oder zeitlich begrenzt sehr hohe Leistungen umgesetzt werden, sehr schnelle Prozesse stattfinden, wenn die Energie aus großen Räumen zusammengezogen oder über lange „Pausen" aufgespeichert wird (Erdbeben).

Tabelle 1 Quellen des Entropieexportes geophysikalischer Prozesse

Quelle	Prozeß	charakteristische Zeit
Erdwärme	Kontinentalbewegung	$10^6...10^8$ a
(10^{-3} W/km^2)	[13, 14, 23, 39, 27, 75]	
	H-Feld-Umpolung [14, 35]	10^4 a
	H-Feld-Variation [20]	$5 \cdot 10^2...8 \cdot 10^3$ a
	Polumlauf [31]	1 a
	Erdbeben [60]	$10^0...10^2$ s
Sonnenstrahlung	Klimaänderungen [37, 38, 26, 61]	$10^4...10^7$ a
(1 W/km^2)	Eiszeitoszillationen [37]	10^4 a
	Wetterprozesse	$10^2...10^6$ s
	Biologische Evolution [46]	$10^6...10^9$ a
	Biologische Individualentwicklung und Prozesse	10^{-3} s...10^2 a

Aufgrund der Fülle des vorliegenden Materials und von Hypothesen, welche Instabilitäten für welche Prozesse verantwortlich zeichnen, kann hier nur eine Übersicht in Tabellenform gegeben werden (Tab. 2).

In vielen dieser Fälle herrscht noch keine endgültige Klarheit über die Mechanismen; besonders spektakulär ist z.B. die kontroverse Diskussion um die Kontinentaldrift [23, 40, 58, 59].

Instabilitäten nehmen in der Physik der Selbstorganisation und Evolution eine zentrale Rolle ein. Der thermodynamische Zweig (d.h. Zustände in der Nähe des Gleichgewichts) zeichnet sich durch die prinzipielle Unmöglichkeit von Instabilitäten aus und kommt daher für dissipative Strukturbildungen

Tabelle 2 Geophysikalische Prozesse und die hypothetische Instabilität, die zu den auslösenden Faktoren gehört

Instabilität	Phänomen
Reynolds-Instabilität	Turbulenzen in der Hydro- und Atmosphäre [18]
Rayleigh-Benard-Instabilität (Konvektions-Instabilität)	Schollenbewegungen [30, 31, 52-60] Konvektion im Erdkern Strömungen in der Hydro- und Atmosphäre [12, 27, 40] Sonnenflecken
Kelvin-Helmholtz-Instabilität (Scherinstabilität)	Meereswellen [36, 62], Dünen Mäander in Luft und Wasser [40, 67, 68] Westwindinstabilitäten [71] Golfstrominstabilitäten [65]
Knick-Instabilität	Magnetfeldschläuche in der Ionosphäre und in kosmischen Plasmen
Plasmainstabilitäten	Vielfältige Effekte in der Ionosphäre und in kosmischen Plasmen
Schwingungsinstabilitäten	Eiszeiten [37], Erdbeben [14, 60]

nicht in Frage. Instabilitäten können Symmetriebrüche im System ermöglichen, erlauben die Eröffnung neuer Dimensionen des Zustandsraumes; sie kennzeichnen den möglichen Übergang zu neuen Qualitäten. Instabilitäten können, nach einer Phase der Selbstorganisation, die Grundlage für neue Instabilitäten bilden, so können in der Evolution lange Folgen, Hierarchien von Instabilitäten durchlaufen werden [1–8, 43, 51, 62–73]. Schließlich bieten Instabilitäten den physikalischen Schlüssel zur Informationsspeicherung, -übertragung sowie ganz allgemein die Angriffspunkte, an denen der Mensch durch kleine Eingriffe in die Natur große Veränderungen auslösen kann [2, 21].

Literatur

[1] Glansdorff, P. / Prigogine, P.: Thermodynamic Theory of Structure, Stability and Fluctuations, Wiley-Interscience, London-New-York-Sydney-Toronto 1971 (russ. Übers.: Mir Moskau 1973).

[2] Prigogine, I. / Stengers, I.: Dialog mit der Natur, Piper, München 1981; Nicolis, G. / Prigogine, I.: Self-Organization in Non-Equilibrium Systems, Wiley, New York 1977.

[3] Andronov, A. A. / Witt, A. A. / Chaikin, S. E.: Theorie der Schwingungen 1–2, Akademie-Verlag, Berlin 1965, 1969; Grechova, M. T. (Ed.): Autowellenprozesse in Systemen mit Diffusion (russ.), Gorki 1981.

[4] Romanovsky, Yu. M. / Stepanova, N. V. / Chernavsky, D. S.: Mathematische Mo-

dellierung in der Biophysik (russ.), Nauka, Moskau 1975; KLIMONTOVICH, YU. L.: Statistische Physik (russ.), Nauka Moskau 1982.

[5] HAKEN, H.: Synergetics, Springer-Verlag, Berlin (West)-Heidelberg-New York 1977; HAKEN, H. (Ed.): Dynamics of Synergetic Systems, Springer-Verlag, Berlin (West)-Heidelberg-New York 1980; HAKEN, H. (Ed.): Chaos and Order in Nature, Springer-Verlag, Berlin (West)-Heidelberg-New York 1981.

[6] POSTON, T. / STEWART, I.: Catastrophe Theory and its Applications, Pitman, London-San Francisco-Melbourne 1978 (russ. Übers.: Mir Moskau 1980).

[7] MARSDEN, J. E. / MCCRACKEN, M.: The Hopf Bifurcation and its Applications, Springer-Verlag, New York 1976 (russ. Übers.: Mir Moskau 1980).

[8] EBELING, W. / FEISTEL, R.: Physik der Selbstorganisation und Evolution, Akademie-Verlag, Berlin 1982.

[9] NEUGEBAUER, G.: Relativistische Thermodynamik, Akademie-Verlag, Berlin 1980.

[10] ROMPE, R. / TREDER, H. J.: Grundfragen der Physik, Akademie-Verlag, Berlin 1980.

[11] TREDER, H. J.: Über die Nichtabschließbarkeit des axiomatischen Aufbaus der Physik und das Verhältnis von Physik und Geophysik, Geophys. Geol. Geophys. Veröff., KMU Leipzig **2**, 2 (1980) 7.

[12] LORENZ, E. N.: J. Atmospheric, Sci. **20** (1963) 130, 448.

[13] RUNCORN, S. K. (Ed.): Continental Drift, Academic Press, New York 1962.

[14] UYEDA, S.: The New View of the Earth, W. H. Freeman & Co., San Francisco 1978 (russ. Übers.: Mir Moskau 1980).

[15] WASSILEWSKI, M. M.: Vulkane – Feuer des Pluto, Urania-Verlag, Leipzig-Jena-Berlin 1980.

[16] MARKHININ, E. K.: Vulkane und Leben (russ.), Mysl, Moskau 1980.

[17] JANTSCH, E.: Selbstorganisation des Universums, Hanser, München-Wien 1979.

[18] FROST, W. / MOULDEN, T. H. (Eds.): Handbook of Turbulence, Vol. 1., Plenum Press, New York-London 1977 (russ. Übers.: Turbulenz – Prinzipien und Anwendungen, Mir, Moskau 1980).

[19] ZHARKOV, V. N.: Innerer Bau von Erde und Planeten (russ.), Nauka, Moskau 1978.

[20] SHARKOW, W. N.: Der innere Aufbau von Erde, Mond und Planeten, Mir, Moskau – Teubner, Leipzig 1976.

[21] KACHURIN, L. G.: Physikalische Grundlagen der Einwirkungen auf atmosphärische Prozesse, Gidrometeoizdat, Leningrad 1978.

[22] LEONTYEV, O. K. / RYCHAGOV, G. I.: Allgemeine Geomorphologie, Vysshaya Shkola, Moskau 1979.

[23] RAWITSCH, M. G.: Die Rätsel Gondwanas, Mir, Moskau – Teubner, Leipzig 1979.

[24] HOHL, R. (Ed.): Unsere Erde, Urania-Verlag, Leipzig-Jena-Berlin 1977.

[25] BARRETT, E. C. / CURTIS, L. F.: Introduction to Environmental Remonte Sensing, Chapman and Hall, London-Wiley & Sons, New York 1976 (russ. Übers.: Einführung in die kosmische Erderkundung, Progress, Moskau 1979).

[26] MONIN, A. S.: On some global problems of geophysical fluid dynamics (A Review), Proc. Natl. Acad. Sci. USA **75** (1978) 34.

[27] MONIN, A. S. / SHISHKOV, YU. A.: Geschichte des Klimas (russ.), Gidrometeoizdat, Leningrad 1979.

[28] VOJTKEVICH, G. V.: Grundlagen der Theorie der Erdentstehung (russ.), Nedra, Moskau 1979.

[29] BUDYKO, M. I. (Ed.): Wärmebilanz der Erde (russ.), Gidrometeoizdat, Leningrad 1978.

[30] Kraskovsky, S. S.: Das Bild von der Erdkrustendynamik kontinentalen Typs im Gravitationsfeld (russ.), Naukova Dumka, Kiew 1981.
[31] Shults, S. S.: Tektonik der Erdkruste (russ.), Nedra, Leningrad 1979.
[32] Posokhov, E. V.: Chemische Evolution der Hydrosphäre (russ.), Gidrometeoizdat, Leningrad 1981.
[33] Kosygin, Yu. A. et al. (Eds.): Struktur der Kontinente und Ozeane (russ.), Nedra, Moskau 1979 (Lexikon).
[34] Svatkov, N. M.: Grundlagen der planetaren geographischen Prognose (russ.), Mysl, Moskau 1973.
[35] Rezanov, I. A.: Katastrophen der Erdgeschichte, Haack, Gotha-Leipzig 1981.
[36] Doronin, Yu. P.: Wechselwirkung Atmosphäre – Ozean (russ.), Gidrometeoizdat, Leningrad 1981.
[37] Sergin, V. Ya. / Sergin, S. Ya.: Systemanalyse des Problems großer Klimaschwingungen und der Erdvereisung (russ.), Gidrometeoizdat, Leningrad 1978.
[38] Hänsel, C.: Klimaänderungen, Teubner, Leipzig 1975.
[39] Gavrilov, V. P.: Historische Geologie und regionale Geologie der UdSSR (russ.), Nedra, Moskau 1979.
[40] Chalov, R. S.: Geographische Erforschung von Flußbettprozessen (russ.), Verlag der Moskauer Universität 1979.
[41] Rutten, M. G.: The Origin of Life, Elsevier, Amsterdam-London-New York 1971 (russ. Übers.: Mir Moskau 1973).
[42] Scharnow, U. et al. (Eds.): Grundlagen der Ozeanologie, transpress, Berlin 1978.
[43] Swinney, H. L. / Golub, J. P. (Eds.: Hydrodynamic Instabilities and Translition to Chaos, Springer – Verlag – Berlin – Heidelberg – New York 1981.
[44] Kolmogorov, A. N. / Novikov, S. P. (Eds.): Seltsame Attraktoren (russ.), Mir, Moskau 1981.
[45] Stiller, H.: In: Weltraum und Erde, transpress, Berlin 1975.
[46] Beyer, W. A. / Stein, M. L. / Smith, T. F. / Ulam, S. M.: A molecular sequence metric and evolutionary tree, Math. Biosciences **19** (1974) 9.
[47] Mirkin, B. G. / Rodin, S. N.: Graphen und Gene (russ.), Nauka, Moskau 1977.
[48] Baumann, L. / Weber, W.: Einige Gesichtspunkte zur Bedeutung von Bruchstrukturen für die Lagerstättenbildung und -verteilung. Geophys. Geolog. Geophys. Veröff., KMU Leipzig **2**, 2 (1980) 43.
[49] Carey, S. W.: The expanding earth – an essay review, Earth Science Reviews **11** (1975) 105.
[50] Damuth, J. E.: Quaternary climate change as revealed by calcium carbonate fluctuations in western Equatorial Atlantic sediments, Deep-Sea Research **22** (1975) 725.
[51] Chandrasekhar, S.: Hydrodynamic and Hydromagnetic Stability, Clarendon Press, Oxford 1961.
[52] Chandrasekhar, S.: The instability of a layer of fluid heated from below and subject to Coriolis forces, Proc. Roy. Soc. **217** (1953A) 306.
[53] Rossby, R. F.: A study of Benard convection with and without rotation, J. Fluid Mech. **36**, 2 (1969) 309.
[54] Pleshanova, L. A.: Rayleigh-Konvektion in einer Kugel unter Coriolis-Kraft (russ.), Fizika Atm. Okeana **18**, 6 (1982) 585.
[55] Walzer, U.: A theory of non-Newtonian mantle convection, Gerlands Beitr. Geophys. Leipzig **86** (1977) 51.

[56] Walzer, U.: Erwägungen über Konvektion im Erdmantel, Geophys. Geolog. Geophys. Veröff., KMU Leipzig **1**, 4 (1978) 5.
[57] Watts, T.: Plate tectonics: where is it going?, New Scientist, Nov. (1980) 360.
[58] Hoffer, A.: Pangaea – Fact or Fiction?, Gerlands Beitr. Geophys., Leipzig **86** (1977) 460.
[59] Mersevey, R.: Topological inconsistency of continental drift in the present sized Earth, Science **166** (1969) 609.
[60] Savarensky, E. F. / Sadikov, F. S. / Kosarev, G. L.: On the Reconstruction of the True Ground Motion from Earth-quake Records, Gerlands Beitr. Geophys., Leipzig **86** (1977) 235.
[61] Haxel, O.: Beitrag der Physik zur Klimageschichte, Naturwiss. **63** (1976) 16.
[62] Phillips, O. M.: The Theory of Wind-Generated Waves, in: Advances of Hydroscience, Vol. 4 (Ed. Ven Te Chow), Academic Press, New York 1967.
[63] Alfven, H. / Elvius, A.: Antimatter, Quasi-stellar Objects, and the Evolution of Galaxies, Science **164** (1979) 911.
[64] Leibovich, S. / Paolucci, S.: The Langmuir Circulation Instability as a Mixing Mechanism in the upper Ocean, J. Phys. Oceanogr. **10** (1980) 186.
[65] Richardson, P. L.: Gulf Stream Ring Trajectories, J. of. Phys. Oceanogr. **10** (1980) 90.
[66] Sokolov, V. A. / Fomin, L. M.: Zur Instabilität der Ekman-Grenzschicht und der Entstehung von Trägheitswellen im barotropen Ozean (russ.), Fizika Atm. Okeana **17** (1981) 190.
[67] Tsimring, L. Sh.: Destabilisierung ursprünglich stabiler Scherströmungen unter dem Einfluß interner Wellen (russ.), Okeanologiya **22** (1982) 540.
[68] Kozlov, V. F. / Sokolovsky, M. A.: Mäanderbildung eines zonalen barotropen Flusses beim Kreuzen eines Bodenrückens (russ.), Okeanologiya **21** (1981) 966.
[69] Mitsuyasu, H. et al.: Observation of the Power Spectrum of Ocean Waves using a Cloverleaf Buoy, J. Phys. Oceanogr. **10** (1980) 286.
[70] Goncharov, V. P. / Matveev, A. K.: Beobachtung nichtlinearer Wellen an einer atmosphärischen Inversion, Fizika Atm. Okeana **18** (1982) 88.
[71] Charney, J. G.: The Dynamics of Long Waves in a Baroclinic Westerly Current, J. Meteor. **4** (1947) 135.
[72] Herfort, P. / True, H.: Bifurcations and Non-Linear Stability of the Quasi-Geostrophic Equations, Gerlands Beitr. Geophys., Leipzig **86** (1977) 425.
[73] Prigogine, I.: Vom Sein zum Werden, Piper, München-Zürich 1979.
[74] Kundt, W.: Wie entwickelte sich die Welt?, Umschau **74** (1974) 273.
[75] Shankland, T. J. / O'Connel, R. J. / Waff, H. S.: Geophysical Constraints on Partial Melt in the Upper Mantle, Rev. Geophys. Space Phys. **19** (1981) 394.

Ernst Schmutzer

Grundpositionen um die Frage einer Variabilität der Gravitationskonstanten mit kosmischen und geophysikalischen Aspekten

Abstract

First Dirac's hypothesis of a variability of the "gravitational constant" is discussed. Then the main ideas of a new 5-dimensional projective field theory of the author are presented which leads to constancy of the gravitational constant, but to an electromagnetic polarization of the vacuum because of the occurring scalaristic field.

1. Diracs Hypothese einer Variabilität der „Gravitationskonstanten"

Gedanklich Eddingtons Überlegungen zur Analyse dimensionsloser Zahlen in der Physik weiterführend, kam Dirac 1937/38 zu der Hypothese [1], daß die Gravitationskonstante zeitlich variabel sein könnte. Diese Hypothese begründete er wie folgt:

Eddington beschäftigten zwei in der Physik auftretende dimensionslose Zahlen ganz besonders. Die erste Eddingtonsche Zahl E_1 entspricht dem Verhältnis von Coulomb-Kraft zur Gravitationskraft, bezogen auf das Proton und Elektron im Wasserstoffatom:

$$E_1 = \left(\frac{F_{\text{Coul}}}{F_{\text{Grav}}}\right)_{\text{H-Atom}} \approx 2 \cdot 10^{39}. \tag{1}$$

Die zweite Eddingtonsche Zahl ergibt die Anzahl der Nukleonen in einem geschlossenen Kosmos der relativistischen Kosmologie wieder:

$$E_2 = (N_{\text{Nukl.}})_{\text{geschloss. Kosmos}} \approx 10^{79}. \tag{2}$$

Für beide Zahlen E_1 und E_2 resultiert die Näherungsbeziehung

$$E_2 \approx E_1^2. \tag{3}$$

Da die Gravitationskraft F_{Grav} in (1) der Newtonschen Gravitationskonstanten γ_N und damit auch der Einsteinschen Gravitationskonstanten $\varkappa$ proportional ist, folgt

$$E_1 \sim \frac{1}{\varkappa}. \tag{4}$$

Nun ist das Volumen des 3-dimensionalen Kugelraumes vom Radius K durch

$$V = 2\pi^2 K^3 \tag{5}$$

gegeben, so daß für einen geschlossenen Kosmos mit der Massendichte μ die endliche Masse

$$M = V\mu = 2\pi^2 K^3 \mu \tag{6}$$

resultiert. Denkt man sich diese Masse im wesentlichen aus Nukleonen mit der Masse m_p aufgebaut, so hat man

$$M = E_2 m_p \tag{7}$$

zu setzen. Nimmt man nun näherungsweise lineare zeitliche Expansion:

$$K \sim t \tag{8}$$

und reziproke zeitliche Abnahme der Dichte:

$$\mu \sim \frac{1}{t} \tag{9}$$

an, so folgt aus (6) und (7):

$$M \sim E_2 \sim t^2 \tag{10}$$

und damit aus (3) und (4) eine reziproke zeitliche Abnahme der „Gravitationskonstanten":

$$\varkappa \sim \frac{1}{E_1} \approx \frac{1}{\sqrt{E_2}} \sim \frac{1}{t} \qquad \text{(Dirac-Hypothese).} \tag{11}$$

Es war insbesondere JORDAN [2], der diesen Gedanken aufgriff und ein in einer von ihm entwickelten erweiterten 5-dimensionalen Fassung der sog. Projektiven Relativitätstheorie auftretendes skalares Feld mit der „Gravitationskonstanten" in Verbindung brachte, so daß man besser von einer variablen Gravitationszahl (Gravitationsfaktor, Gravitationskoeffizienten) sprechen sollte. Jordan wandte seine Theorie insbesondere auch auf die Geophysik an und kam zur Voraussage einer Erdexpansion, durch die er die Risse und Grabensysteme der Erde zu erklären glaubte. Von anderen Autoren wurden auf dieser Basis Untersuchungen zur Entstehung des Planetensystems, zur Galaxienbildung und zur Kosmologie angestellt.

Im Laufe der Jahre wurden etliche Varianten einer erweiterten Projektiven Relativitätstheorie ausgearbeitet. Eine Literaturübersicht findet sich in unserer Monographie [3] von 1968. Seit dieser Zeit war es auf diesem Forschungsgebiet relativ ruhig. Im Zusammenhang mit dem 9. Internationalen Gravitationskongreß 1980 in Jena haben wir uns erneut eingehend mit diesem Gegenstand befaßt und kamen zu einer neuen 5-dimensionalen Projektiven Einheitlichen Feldtheorie, auf die im folgenden kurz eingegangen werden kann, da mehrere ausführliche Veröffentlichungen vorliegen oder im Druck sind [4].

2. Eine neue 5-dimensionale Projektive Einheitliche Feldtheorie

Die bisherigen Theorienvarianten dieser Art führten zwar ziemlich nahe an die Struktur des Gesamtsystems von Einstein-Gleichungen und Maxwell-Gleichungen heran, wiesen aber dennoch einige prinzipielle Mängel auf. Ohne vollständig sein zu wollen, fielen uns, abgesehen von der Frage der Festlegung der 5-dimensionalen Feldgleichung, folgende unbefriedigende Tatbestände auf:

- Physikalische Deutung des unausweichlich auftretenden neuen Skalarfeldes;
- Zweifeldhaftigkeit um die richtige Wahl einer Variabilität des Gravitationsfaktors;
- Auftreten von Differentialquotienten 2. Ordnung im Energie-Impuls-Tensor des Skalarfeldes, wodurch die positive Definitheit der Energiedichte dieses Feldes selbst im statischen Fall verletzt wird;
- Auftreten eines Kraftterms in der Bewegungsgleichung, der in der elektrischen Ladung quadratisch ist und zu bemerkbaren Effekten führt;
- Schwierigkeiten bei der Konsistenz des 5-dimensionalen und 4-dimensionalen Hamilton-Prinzips.

Unsere neue Theorie geht in Anlehnung an Einsteins 4-dimensionale Gravitations-Feldgleichung, ebenso wie unsere frühere Variante von 1957/58 [3], bei Benutzung der 5-dimensionalen Koordinaten X^{μ} von der folgenden 5-dimensionalen Feldgleichung aus:

$$R^{\mu\tau} - \frac{1}{2} g^{\mu\tau} \overset{5}{R} + \lambda_c e^{\sigma} (g^{\mu\tau} + s^{\mu} s^{\tau}) = \varkappa_0 \Theta^{\mu\tau}. \tag{12}$$

Dabei sind:

$R^{\mu\tau}$ 5-dimensionaler Ricci-Tensor,

$\overset{5}{R}$ 5-dimensionale Krümmungsinvariante,

$S^2 = g_{\mu\nu} X^{\mu} X^{\nu}$, $S = S_0 e^{\sigma}$ mit S bzw. σ als neues skalares Feld,

$s^{\mu} = \frac{x^{\mu}}{S}$ allgemein-kovariant konstanter Einheitsvektor,

$\Theta^{\mu\tau}$ Substrat-Projektor für die nichtgeometrisierte Materie („Substrat"),

$\varkappa_0$ gravitative Kopplungskonstante,

λ_c kosmologische Konstante,

$S_0 = e_0 \sqrt{\frac{\varkappa_0}{2\pi}} = 2{,}75 \cdot 10^{-34}$ cm relativistische Elementarlänge (e_0 elektrische Elementarladung).

Aus der Feldgleichung (12) resultiert der Erhaltungssatz

$$\Theta^{\mu\tau}_{;\tau} = 0. \tag{13}$$

Das entscheidende neue Axiom zur Durchführung der Projektionen vom projektiven 5-dimensionalen Raum in die 4-dimensionale Raum-Zeit ist nun

$$\frac{\partial x^i}{\partial X^\mu} = e^{\frac{\sigma}{2}} g^i_\mu . \tag{14}$$

Diese Projektion der Feldgleichung (12) liefert folgende physikalisch deutbare Gleichungssysteme (CGS-System):

1. Verallgemeinerte Gravitations-Feldgleichung:

$$\overset{4}{R}_{mn} - \frac{1}{2} g_{mn} \overset{4}{R} + \lambda_c g_{mn} = \varkappa_0 (\Theta_{mn} + E_{mn} + \Sigma_{mn}) \tag{15}$$

mit

Θ_{mn} Substrat-Energietensor,

$$E_{mn} = \frac{1}{4\pi} \left(B_{mk} H^k_n + \frac{1}{4} g_{mn} B_{jk} H^{jk} \right) \text{ elektromagnetischer} \tag{16}$$

Energietensor (Minkowski-Tensor),

$$\Sigma_{mn} = -\frac{3}{2\varkappa_0} \left(\sigma_{|m} \sigma_{|n} - \frac{1}{2} g_{mn} \sigma_{|k} \sigma^{|k} \right) \text{ skalaristischer} \tag{17}$$

Energietensor.

2. Maxwell-Gleichungen:

$$\text{a) } H^{mn}_{;n} = \frac{4\pi}{c} j^m, \qquad \text{b) } B_{\langle mn|k \rangle} = 0. \tag{18}$$

3. Neuartige Feldgleichung des Phänomens Skalarismus (falls in der Natur existent):

$$\sigma^{|k}_{;k} = \varkappa_0 \left(\frac{2}{3} \vartheta + \frac{1}{8\pi} B_{kj} H^{ki} \right) \tag{19}$$

mit der Substratdichte

$$\vartheta = \Theta - \frac{3}{2} \Theta^m_m . \tag{20}$$

Analog liefert die Projektion des Erhaltungssatzes (13) die physikalisch deutbaren Gleichungen:

1. Verallgemeinerte Bewegungsgleichung:

$$\Theta^{jm}_{;m} = -\frac{1}{c} B^{j}_{m} j^{m} + \vartheta \sigma^{|j}. \tag{21}$$

2. Kontinuitätsgleichung für die elektrische Ladung:

$$j^{m}_{;m} = 0. \tag{22}$$

Um physikalische Konsequenzen hinsichtlich mechanischer Phänomene (Astrophysik, Kosmologie usw.) ziehen zu können, ist eine nähere Bestimmung des Substrat-Projektors nötig, der der bisherigen Geometrisierung nicht unterlag. Es gibt gute Argumente für die Wahl:

$$\begin{aligned}\Theta^{\mu\nu} = & -\frac{S}{S_0} p g^{\mu\nu} - \frac{S}{S_0(1-\beta^2)}\left(\mu + \frac{p}{c^2}\right) u^\mu u^\nu + \frac{S}{S_0}\left[\frac{\mu c^2}{2}\frac{1+\beta^2}{1-\beta^2}\right. \\ & \left. + p\left(\nu - \frac{3}{2} + \frac{1}{1-\beta^2}\right)\right] s^\mu s^\nu + \frac{ic\beta S}{S_0(1-\beta^2)}\left(\mu + \frac{p}{c^2}\right)(s^\mu u^\nu + s^\nu u^\mu) \\ & - \frac{e_0 \varrho_0}{c S_{C}^{\frac{1}{2}} S^{\frac{1}{2}} \sqrt{1-\beta^2}} (s^\mu u^\nu + s^\nu u^\mu - 2ic\beta s^\mu s^\nu),\end{aligned} \tag{23}$$

woraus

$$\text{a) } \Theta = \frac{3\mu c^2}{2} + \left(\nu - \frac{1}{2}\right)p, \qquad \text{b) } \vartheta = \nu p \tag{24}$$

resultiert. Dabei ist:

μ Massendichte,
p Druck,
u^μ 5-Geschwindigkeit,
ϱ_0 elektrische Ladungsdichte,

$$\beta = \frac{1}{S} X_\mu \frac{\mathrm{d}X^\mu}{\mathrm{d}s^5}.$$

Einige physikalisch relevante Schlußfolgerungen sind:
1. Die Einstein-Theorie ist nur für elektrisch neutrale Materie mit $p = 0$ als Spezialfall enthalten. Die bisherigen Werte für die Einstein-Effekte bleiben aber gesichert.
2. Die Einstein-Maxwell-Theorie ist nicht als Spezialfall enthalten, so daß entscheidende Abweichungen bei Mitnahme elektromagnetischer Phänomene zu erwarten sind.
3. Die Gravitationskonstante bleibt eine echte Konstante, woraus entscheidende physikalische Implikationen resultieren.
4. Für stationäre skalaristische Felder ist die Energiedichte definit. Ansonsten ist mit Repulsionseffekten zu rechnen.

5. Es ergibt sich die skalaristische Dielektrizität des Vakuums:

$$\overline{E} = e^{3\sigma} = \left(\frac{S}{S_0}\right)^3 . \tag{25}$$

Es muß Aufgabe der nächsten Jahre sein, diese Theorie im Detail auf Physik, Geophysik, Astrophysik und Kosmologie anzuwenden.

Literatur

[1] Dirac, P. A. M.: Nature **139** (1937) 323; Proc. Roy. Soc. (A) **165** (1938) 199.

[2] Jordan, P.: Schwerkraft und Weltall, Vieweg-Verlag, Braunschweig 1955.

[3] Schmutzer, E.: Relativistische Physik, Teubner Verlagsgesellschaft, Leipzig 1968.

[4] Schmutzer, E. in: "Proceedings of GR9", VEB Deutscher Verlag der Wissenschaften, Berlin 1983; Exp. Technik Physik **30** (1982) 299; in: "Unified Field Theories of more than 4 Dimensions", World Scientific Publ. Comp., Singapore 1983.

Heinz Stiller, Diedrich Möhlmann und Siegfried Franck

Strukturbildung in präplanetaren Phasen

Bei der Erforschung der Entstehungsprozesse unseres Planetensystems können gemeinsame Eigenschaften solcher aus Zentralkörper und Satelliten bestehenden Systeme eine besondere Rolle spielen. Derartige Rekonstruktionsparameter (siehe Stiller et al. [1]) sind beispielsweise die Zirkularität und Komplanarität der Bahnen in den vier zur Zeit bekannten entwickelten derartigen Systemen: Planetensystem, Jupiter, Saturn und Uranus mit ihren Satelliten. Derartige Eigenschaften können im Sinne einer allgemeinen Definition (siehe Ebeling [2]) als Strukturen aufgefaßt werden, die mit ihrer Gemeinsamkeit auf vergleichbare Entstehungsprozesse dieser Systeme hinweisen. In der vorliegenden Arbeit werden derartige Eigenschaften im Hinblick auf ihre Bedeutung für die Rekonstruktion der Entstehung von Planeten- bzw. Satellitensystemen untersucht. Dabei zeigt sich, daß die Entwicklung von präplanetaren Phasen über verschiedene Strukturebenen verläuft (siehe Stiller und Möhlmann [3]).

Neben der erwähnten Zirkularität und Komplanarität ist noch der gleiche Bahnumlaufsinn ein weiteres Merkmal, das darauf hinweist, daß als erste Strukturierung der Hülle präplanetarer Materie um den Zentralkörper die Bildung einer Scheibe erfolgte. Als Ursachen für diese erste grobe Strukturierung in der Ebene senkrecht zur Rotationsachse sind Magnetfelder des Zentralkörpers sowie der stoßbedingte Impulsaustausch bei axialsymmetrischer Fliehkraft und kugelsymmetrischer Schwerkraft anzusehen.

Ausgehend von einer präplanetaren Scheibe fester Partikeln hat O. Yu. Schmidt in den vierziger Jahren dieses Jahrhunderts seine „Meteoritenhypothese" über die Entstehung planetarer Großkörpes durch Anlagerung kleinerer Körper entwickelt. Wir folgen diesem insbesondere von Alfven weiterentwickelten Ansatz ebenfalls, da das alternative Modell der Entstehung von Planeten und Monden durch Gravitationskollapse mit vielen Rekonstruktionscharakteristika (z.B. Rotationsdauer, präplanetare Dichten) nicht vereinbar ist. Im folgenden sei zunächst die bemerkenswerte Parallelität von Spin und Bahndrehimpuls der Körper eines Systems im Rahmen des Akkretionsmodells untersucht. Wegen der nach außen abnehmenden *Kepler*-Geschwindigkeit ist hier ja auf den ersten Blick eine retrograde Rotation zu erwarten, und das spräche sehr stark gegen Akkretionsmodelle.

Die genauere Betrachtung dieser in grober Näherung als Dreikörperproblem ansehbaren Anlagerung von Planetesimals an einen großen Körper im Schwerefeld des Zentralkörpers zeigt jedoch, daß eine „gravitative Fokussierung" auftritt, die zu einer prograden Rotation des Großkörpers führt (siehe Abb. 1).

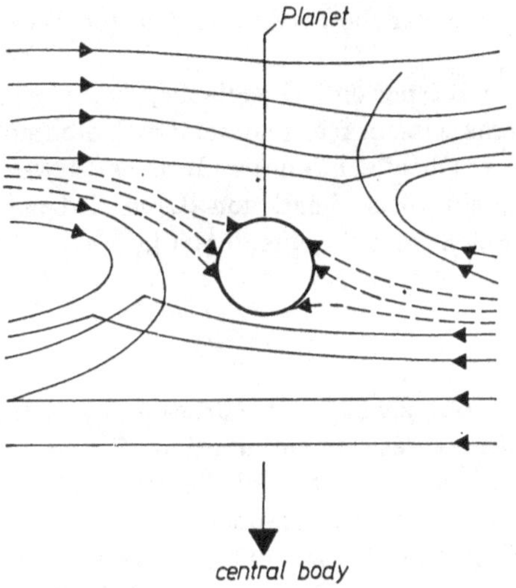

Abb. 1 Bewegung von Planetesimals in der Nähe eines Planeten (gesehen im mit dem Planeten mitbewegten Bezugssystem)

Ein weiteres Argument für Akkretionsmodelle resultiert aus dem „Spin-Isochronismus", der die bemerkenswerte Eigenschaft charakterisiert, daß die bekannten Körper des Planetensystems, von Asteroiden der Masse 10^{16} kg bis zu Riesenplaneten mit 10^{27} kg, Rotationszeiten der Größenordnung 10 h aufweisen. Von ALFVEN und ARRHENIUS [5] wurde bereits eine schwache Abhängigkeit der Winkelgeschwindigkeit ω von der Dichte des Körpers ϱ vermutet:

$$\omega \sim \sqrt{\varrho}\,. \tag{1}$$

Im Rahmen des Akkretionsmodells ergibt sich genauer

$$\omega = \frac{3}{5}\gamma^{\frac{1}{2}}\left(\frac{4\pi}{3}\varrho\right)^{\frac{1}{2}} \tag{2}$$

(MÖHLMANN [6]), was mit den Rotationsdaten der meisten Planeten gut übereinstimmt und nur bei einigen terrestrischen Planeten noch Fragen offen läßt. Es ist interessant, daß entsprechende Werte im Rahmen des Protoplanetenmodells mit Gravitationskollaps durchweg um zwei Größenordnungen zu hoch liegen.

Die oben vorgestellten Untersuchungen erfolgten unter der Annahme einer Akkretion innerhalb einzelner relativ schmaler Bänder. Sie sind erste Hinweise auf eine ausgeprägte Strukturierung der Scheibe. Ein möglicherweise deutliches Argument für derartige Strukturen liefert die Interpretation von Daten der Kosmosforschung.

Der Erdmond besitzt als relativ kleiner Körper eine Oberfläche, die, wie wir aus den Untersuchungen des Mondgesteins wissen, früher einmal aufgeschmolzen gewesen sein muß. Damit haben auf der Oberfläche unseres Mondes zeitweise Temperaturen von etwa 1500 K geherrscht. Ausgehend von dieser Tatsache kann man im Rahmen des Akkretionsmodells den für eine derartige Erhitzung notwendigen Massenfluß

$$\dot{m} = 4\pi \varrho R^2 v \tag{3}$$

bestimmen. Dabei ist $R(t)$ der entsprechende jeweilige Mondradius, v die Impaktgeschwindigkeit und ϱ die Massendichte des auf die Mondoberfläche auftreffenden Materials. Wenn man nun davon ausgeht, daß die Energiebilanz für diesen Prozeß so darstellbar ist, daß die Gravitationsenergie aus dem Impakt einerseits in den Weltraum zurückgestrahlt wird und andererseits den wachsenden Embryo erwärmt bzw. schmilzt (siehe z.B. ZARKOV und TRUBICYN [7]), so läßt sich folgende Gleichung für die Massendichte der einfallenden Materie ableiten (siehe MÖHLMANN [8]):

$$\varrho = \frac{\sigma T^4}{\left(\frac{8\pi}{3}\gamma\bar{\varrho}\right)^{\frac{1}{2}}\left[\frac{4\pi}{3}\gamma\bar{\varrho}R^3 - cTR\right]} \tag{4}$$

(σ = *Stefan-Boltzmann*sche Konstante, $\bar{\varrho}$ = Dichte des Mondmaterials, R = Mondradius, T = Oberflächentemperatur, c = spezifische Wärme).

Aus Formel (4) läßt sich leicht berechnen, daß für die oben genannten Aufschmelztemperaturen die Massendichte ϱ größer als $4 \cdot 10^{-5}$ kg/m³ sein muß. Falls eine solche Dichte für die gesamte präplanetare Scheibe charakteristisch war, so wäre in ihr eine Masse von $10^{31}\ldots10^{32}$ kg, d.h. 10...100 Sonnenmassen, verteilt gewesen. Ein Ausweg zur Aufhebung dieser Diskrepanz ist die Annahme einer Strukturierung der präplanetaren Scheibe in Form von Bändern und Ringen. In diesem Fall kann innerhalb eines Bandes bzw. Ringes ohne weiteres die erforderliche Massendichte geherrscht haben. Die Charakteristika einer derartigen Akkretion in Ringen wurde u.a. von FRANCK [9] untersucht.

Dabei wurde (nach SAFRONOV, 1969) von einer Koagulationsgleichung für die Massenverteilungsfunktion $n(m, t)$ ausgegangen:

$$\frac{\partial n(m, t)}{\partial t} = \int_0^{\frac{m}{2}} \omega(m', m - m')\, A(m', m - m')\, n(m',t)\, n(m - m', t)\, dm' -$$

$$- n(m, t) \int_0^{\infty} A(m, m')\, n(m', t)\, dm' +$$

$$+ \int_m^{\infty} n_1(m, m'') \int_m^{\frac{m''}{2}} [1 - \omega\,(m', m'' - m')] \times$$

$$\times A(m', m'' - m')\, n(m', t)\, n(m'' - m', t)\, dm'\, dm''. \qquad (5)$$

Hierbei ist $A(m, m')$ die Wahrscheinlichkeit des Zusammenstoßens von zwei Körpern der Massen m und m' und $\omega(m, m')$ die Wahrscheinlichkeit dafür, daß beide auch zusammenballen (koagulieren). Falls zwei Körper der Gesamtmasse m'' beim Zusammenstoß zerstört werden, so ergibt $n_1(m, m'')$ die Massenverteilung von Fragmenten der Masse m an. Von FRANCK [9] wurde aus der Koagulationsgleichung (5) eine kinetische Gleichung für die Gesamtkörperzahl $N(t)$ abgeleitet. Dabei zeigt sich, daß bei geringer Fragmentation alle Körper des Systems zu einem einzigen akkumulieren (stationäre und stabile Lösung). Überschreitet der entsprechende Fragmentationsparameter jedoch einen kritischen Wert, so überwiegt die Fragmentation und $N(t)$ geht exponentiell nach unendlich (siehe Abb. 2). Numerische Abschätzungen zeigen, daß präplanetare

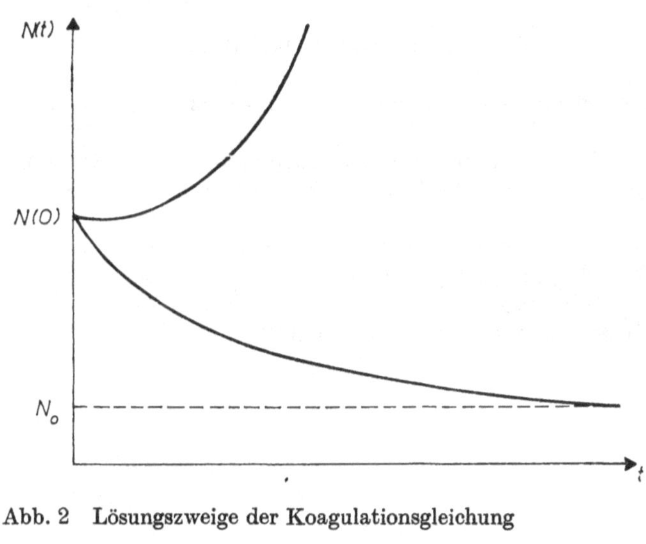

Abb. 2 Lösungszweige der Koagulationsgleichung

und präsatellitäre Systeme durchaus in der Nähe der kritischen Werte liegen können. Damit läßt sich in einem einheitlichen Formalismus das Entstehen verschiedener Strukturen (Planeten und Asteroiden bzw. Monde und planetare Ringe) erfassen.

Der Lösungszweig oberhalb der kritischen Werte gibt eine instationäre Lösung an. Falls sich ein derartiges System spontan in verschiedene untereinander nicht wechselwirkende Untersysteme aufspaltet, dann führt das zu einer geringeren Instationarität

$$\frac{\partial N(t)}{\partial t} < \sum_i \frac{\partial N_i(t)}{\partial t}. \tag{6}$$

Auf diese Weise kann die deutliche Gruppierung der Asteroiden, aber auch die Strukturierung der Saturnringe gedeutet werden. Falls dieser Prozeß im Saturnsystem wegen der kleineren Zeitkonstanten bereits mehrmals stattgefunden hat, kann man übrigens von verschiedenen Hierarchien von Ringen sprechen, also von hierarchischen Strukturen.

Das vorgeschlagene Szenarium der Entstehung von Planeten verläuft über folgende Strukturebenen: präplanetare Scheibe, Bildung von Bändern und Ringen, Akkretion von Planeten bzw. Satelliten. Die jeweiligen strukturbildenden Prozesse sind Gegenstand aktueller Arbeiten.

Literatur

[1] H. Stiller / H.-J. Treder / D. Möhlmann: Advances in Space Research **1**, S. 21–36, Oxford 1981.

[2] W. Ebeling: Strukturbildung bei irreversiblen Prozessen, BSB B. G. Teubener Verlagsgesellschaft, Leipzig 1976.

[3] H. Stiller / D. Möhlmann: Planeten- und Satellitensysteme, in: Spectrum, AdW der DDR, Heft 6/82.

[4] D. Möhlmann, in: Gerlands Beiträge zur Geophysik, Leipzig **91**, 1, S. 90–91 (1982).

[5] H. Alfvén / G. Arrhenius: Evolution of the Solar System (NASA-SP-345), Washington 1976.

[6] D. Möhlmann, in: Gerlands Beiträge zur Geophysik, zur Veröffentlichung eingereicht.

[7] V. N. Zarkov und V. P. Trubicyn: Fizika planetnych nedr, Nauka, Moskva 1980.

[8] D. Möhlmann, in: Gerlands Beiträge zur Geophysik, Leipzig **91**, 3, S. 269–373 (1982).

[9] S. Franck, in: Gerlands Beiträge zur Geophysik, Leipzig **91**, 5, S. 369–377 (1982).

Wolfgang Böhme

Ergebnisse und Diskussion

Es wurde dargelegt, daß die Begriffe der Evolution, der dissipativen Strukturen und der hierarchischen Systeme keine prinzipiellen neuen Vorstellungen sind, die unmittelbar den einzelnen Wissenschaftszweigen weiter helfen. Die durchgeführte Tagung und die Diskussion war aber aus folgenden Gründen von besonderem Interesse und Bedeutung:

1. Sie stellte eine Möglichkeit dar, über die sehr unterschiedliche Anwendung der Erkenntnisse auf diesem Gebiet in den verschiedenen Bereichen der Geo- und Kosmoswissenschaften die Meinung auszutauschen und die Erfahrungen der Kollegen in anderen Bereichen zu übernehmen.

2. Das Vorgestellte ist insbesondere nicht als neues naturwissenschaftliches Grundgesetz zu verstehen, sondern als methodische Arbeitsinstrumente zu verwenden:

a) Von besonderem Wert ist die stärkere Herausarbeitung und Nutzung von unscharfen Clusterbildungen. Die große Bedeutung dieser Begriffserweiterung ergibt sich daher, daß einmal die Natur selbst mit solchen Unschärfen arbeitet, wie an ökologischen Beispielen belegt wurde, und daß weiter die Beobachtungen gerade auf dem Gebiet der Geo- und Kosmoswissenschaften häufig eine erhebliche prinzipielle Unschärfe aufweisen. Eine diesen Besonderheiten angepaßte Methodik ist besonders nützlich und vermeidet „deterministische" Fehlinterpretationen von Beobachtungsergebnissen.

b) Aus der Thermodynamik irreversibler Prozesse ergibt sich, daß generelle Aussagen über die Entwicklung nur hinsichtlich eines weiten Phasenraumes gemacht werden können (Halbraum); es handelt sich folglich um Tendenzaussagen. Solche Aussagen sind aber auf Gebieten, in denen sonst überhaupt Aussagen fehlen, schon sehr wertvoll, gerade für praktische Zwecke.

c) Spontane Strukturbildungen realisieren sich über Instabilitäten unter der Bedingung, daß aus dem betrachteten Teilsystem Entropie nach außen stärker abgeführt wird, als sie im Inneren gebildet wird. Dabei ist zu beachten, daß der betrachtete Raum für den Prozeß nicht unbedingt der geometrische Raum sein muß, es kann auch eine Abgrenzung im Frequenzraum (Phasenraum) vorgenommen werden. In der Natur gibt es sehr viele Instabilitäten, die selbst wieder in hierarchischer Form bei der Evolution eine Rolle spielen können. Es dürften aber nicht alle Instabilitäten von gleicher Bedeutung sein. Es erscheint sehr erfolgversprechend, nach denjenigen Instabilitäten zu suchen, bei denen die Voraussetzungen für eine spontane Strukturbildung am günstigsten sind, d.h. bei denen die relative Entropieabfuhr am besten ausgebildet ist. Eine systematische Durchmusterung der verschiedenen Instabilitäten erscheint ebenfalls erfolgversprechend.

3. In der weiteren Arbeit der Klasse, auch im Zusammenwirken mit den Klassen Physik und Mathematik erscheint es zweckmäßig, folgende Gedanken weiter zu verfolgen:

a) Unter welchen generellen Bedingungen finden sich im Ergebnis des Wirkens der Selbstorganisation Zeugnisse über vorangehende Zustände und Prognosen wieder? Dies muß als mathematisch-kybernetisches Problem gesehen werden. Aus den einzelnen Fachbereichen gibt es sicher fachspezifische Lösungen.

b) Zumindestens in der Praxis kommt den Selbstorganisationsprozessen bzw. der Auslösung von Instabilitäten, die dann in relativ kurzen Zeiträumen realisiert werden, sehr große Bedeutung zu. Es wurde hierbei von einem zeitlich beschleunigten, katastrophenartigen Anwachsen von Gradienten gesprochen. Bei den weiteren Betrachtungen muß klar zwischen Gradienten, die selbst die Dynamik des Prozesses verkörpern, und Gradienten von solchen Größen unterschieden werden, die mehr als Anzeichen für den vorsichgehenden Prozeß zu deuten sind.

Autorenverzeichnis

Böhme, Wolfgang, Ordentliches Mitglied der Akademie der Wissenschaften der DDR

Ebeling, Werner, Korrespondierendes Mitglied der Akademie der Wissenschaften der DDR

Feistel, Reiner, Dr. sc., Sektion Physik der Humboldt-Universität zu Berlin

Franck, Siegfried, Dr., Forschungsbereich Geo- und Kosmoswissenschaften der AdW der DDR

Mende, Werner, Dr., Institut für Geographie und Geoökologie der AdW der DDR

Möhlmann, Diedrich, Dr. sc., Institut für Kosmosforschung der AdW der DDR

Peschel, Manfred, Korrespondierendes Mitglied der Akademie der Wissenschaften der DDR

Richardt, Joseph, Dr. Institut für Nachrichtentechnik des Kombinates für Nachrichtenelektronik, Berlin

Schmutzer, Ernst, Prof. Dr., Sektion Physik der Friedrich-Schiller-Universität Jena

Stiller, Heinz, Ordentliches Mitglied der Akademie der Wissenschaften der DDR

Voigt, Michael, Dr., Forschungsbereich Mathematik/Kybernetik der AdW der DDR

Watznauer, Adolf, Ordentliches Mitglied der Akademie der Wissenschaften der DDR

FSC
www.fsc.org
MIX
Papier | Fördert
gute Waldnutzung
FSC® C083411

Zeitfracht Medien GmbH
Ferdinand-Jühlke-Straße 7
99095 Erfurt, Deutschland
produktsicherheit@kolibri360.de